나의 경이롭고, 믿을 수 없는, 굉장한 사랑하고 있는 아내 *Carol*에게 특별한 감사! 우리가 아이 저에게 더 귀중하기이었기 때문에 저에 있는 당신의 지원 및 신뢰 및 나는 보다는 저 에의한 당신의 존재 표현해서 좋다.

마이클 리처드 *Craig*의 낱말 그리고 삽화.

1 2

5 6

9

3   4

7   8

10

1
개의 어리석은 얼굴

2

개의 어리석은 얼굴

3

개의 어리석은 얼굴

4

개의 어리석은 얼굴

5

개의

어리석은

얼굴

6

개의

어리석은

얼굴

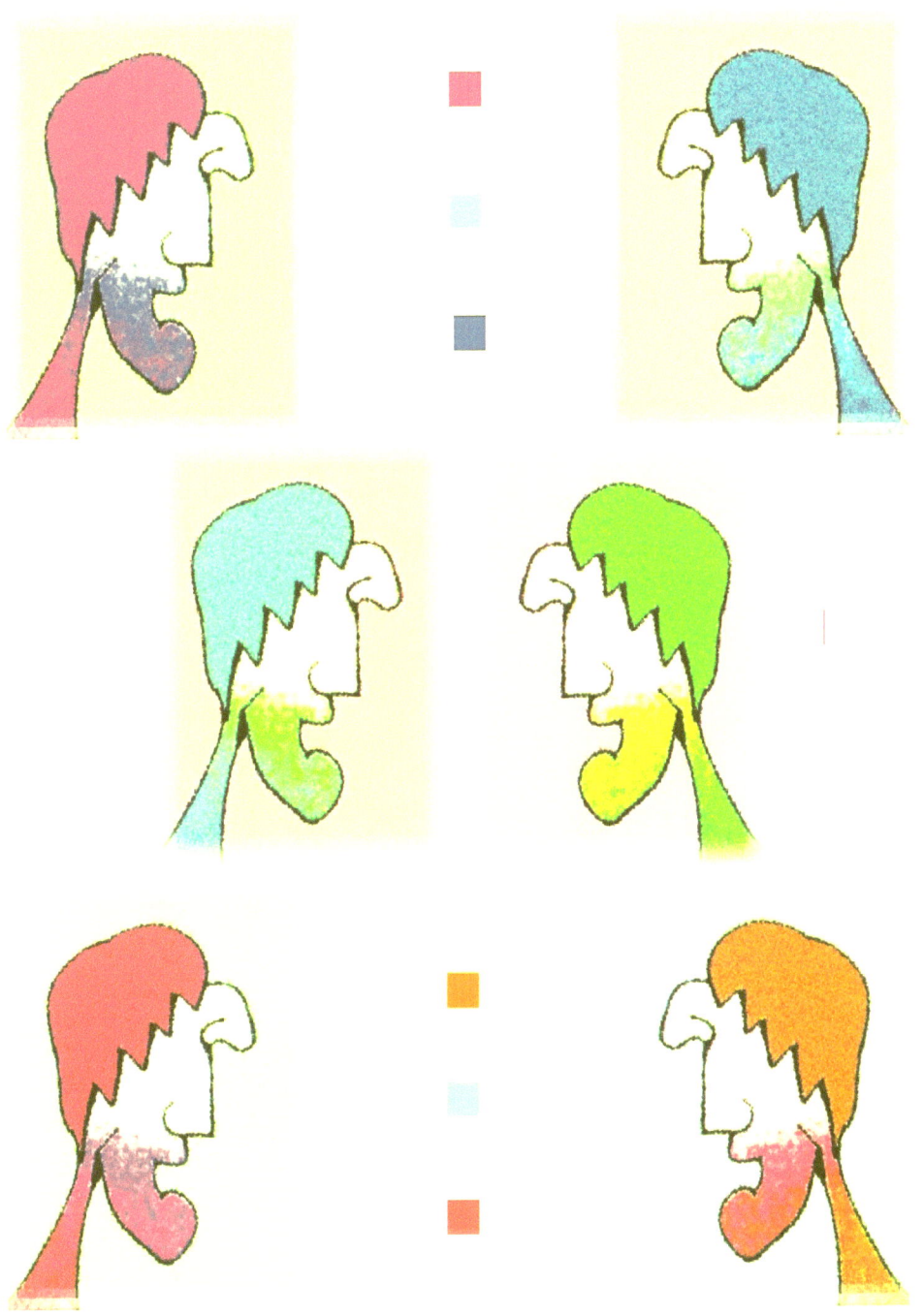

7

개의 어리석은 얼굴

8

개의

어리석은

얼굴

9

개의

어리석은

얼굴

10

의

어리석은

얼굴

1

2

3

4

5

6

7

8

9

10

끝.

좋은

일!

이 얼굴은 수집에서

"마이클 리처드 Craig의 많은 얼굴이다"

이것이 백에 어리석은 얼굴을
세기의 10 양 세트에서 첫번째인.

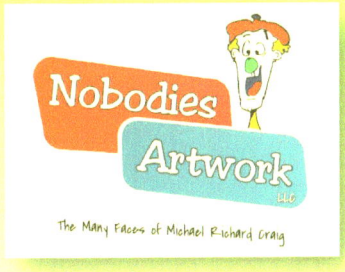

Nobodiesinc@yahoo.com

TeeGeeBeeTeeGee

www.ingramcontent.com/pod-product-compliance
Lightning Source LLC
Chambersburg PA
CBHW041119180526
45172CB00001B/337